阅读成就思想……

Read to Achieve

治愈系心理学系列

YOU'RE STRONG, SMART AND YOU GOT THIS

了不起的小狐狸

用力生活，用力爱

[美] 凯特·艾伦（Kate Allan）◎著　｜　杨峥威◎译

中国人民大学出版社
· 北京 ·

图书在版编目（ＣＩＰ）数据

了不起的小狐狸 ：用力生活，用力爱 ／（美）凯特
· 艾伦（Kate Allan）著 ；杨峥威译. —— 北京 ： 中国
人民大学出版社，2021.9
ISBN 978-7-300-29781-1

Ⅰ．①了… Ⅱ．①凯… ②杨… Ⅲ．①心理学－通俗
读物 Ⅳ．①B84-49

中国版本图书馆CIP数据核字(2021)第168779号

了不起的小狐狸：用力生活，用力爱
［美］凯特·艾伦（Kate Allan）　著
杨峥威　译
Liaobuqi de Xiaohuli : Yongli Shenghuo , Yongli Ai

出版发行	中国人民大学出版社		
社　址	北京中关村大街 31 号	**邮政编码**	100080
电　话	010-62511242（总编室）		010-62511770（质管部）
	010-82501766（邮购部）		010-62514148（门市部）
	010-62515195（发行公司）		010-62515275（盗版举报）
网　址	http://www.crup.com.cn		
经　销	新华书店		
印　刷	天津中印联印务有限公司		
开　本	787 mm×1092 mm　1/16	**版　次**	2021 年 9 月第 1 版
印　张	10.25　插页 1	**印　次**	2024 年 7 月第 5 次印刷
字　数	30 000	**定　价**	55.00 元

译者序

　　焦虑、抑郁已经成为困扰许多青少年和年轻人的"精神感冒"，卫生健康委公布的数据显示，2019 年我国抑郁症患病率达到 2.1%，焦虑障碍的患病率是 4.98%，抑郁症和焦虑症患病率接近 7%。《中国国民心理健康报告（2019—2020）》指出，相比十年前，人们的心理健康水平有明显下降，尤其是青少年、青年群体的心理健康问题不容忽视，其中 24.6% 的青少年抑郁，重度抑郁的比例为 7.4%。近年来，全社会对焦虑和抑郁问题的关注有所提升，政府、医疗机构、精神卫生机构、学校、社区、社会服务机构等社会力量在心理健康教育和服务方面也做了许多努力，社会公众对焦虑、抑郁等心境障碍的认识也有所改观。

　　本书不是一本专业的、枯燥的关于焦虑和抑郁的专著，也不是一本介绍焦虑、抑郁等心境障碍的科普著作或者给焦虑、抑郁人群的自救手册，而是一本引导我们围绕焦虑、抑郁情绪和个人经历开展自我对话、自我反思、自我疗愈的"故事绘"，这是本书与其他焦虑、抑郁图书最大的不同，也是吸引我翻译这本书的重要原因。

　　在这本书里，作者用一幅幅图画和文字，为我们重现了她与焦虑、抑郁抗争、共处、疗愈的经历，字里行间，没有指责、没有抱怨、没有悔恨，反而有很难得的共情、鼓励，有很难得的舒缓、疗愈，有很难得的关怀和温暖。可以说，这是一本适合所有人的疗愈绘本，无论你是否担心、难过、焦虑、抑郁，当你捧起这本书、看到这些画面、读到这些文字时，总会感受到一股力量、一种温暖。

　　这本书的写作方式别具一格，作者假设是在给过去的、正在经历焦虑和抑郁的自己写信，通过时光机把这些信传递给那时候迷茫、无助甚至绝望的自己，给那个年幼的、弱小的自己一丝希望、一点力量。这也是我们很多人都有过的幻想吧，想穿越时光回到过去告诉当时的那个自己，应该怎么样才不会有遗憾、不会有后来的悲剧，当然，我们没有时光机，只能想象在某个平行世界里，有一个自己活成了理想的模样。"伤疤不会消失，这是真的，但是你一定会走出伤痛，从中成长。"在给过去的自己写信的过程中，作者在一定程度上与过去的自己达成了和解，可以更加心平气和地理解、接纳、共情过去的和现在的自己，相信读者也能够在阅读的过程中体会到这种和解，并触动自己的和解与接纳，这一点对于焦虑和抑郁的疗愈是很重要的。

"当你需要朋友鼓励或提醒你'你并不是一个人在苦苦挣扎'时，你可以再次翻开它。无论你现在觉得什么问题无法解决，都要记住：你很坚强、很聪明，而且你一定能搞定。"希望这本书能够帮到你，我的朋友。

2021 年 7 月

前　言

　　25 岁那年，我患上了抑郁症，这让我的人生轨迹停滞不前。我想方设法去找寻生活中能让我感到有目标、有意义的事情，但我的大脑似乎拒绝产生与事物建立联系、创作及获胜方面的积极感觉。更糟糕的是，我的内心总是不停地重复着"你太让我失望了""我太失败了"这样的话。

　　那后来是什么让我发生了改变呢？一次我在浏览一个博客时，无意间发现了一个叫"红宝石艺术"的博主，她用幽默和真诚的方式展示了她与抑郁症抗争的经历，我这才意识到自己并不孤单。

　　一位善良的心理治疗师对我的帮助非常大，他鼓励我写下自我肯定的话语，并随手画一些可爱的小动物，以期我能同情自己。尽管那时的我觉得自己不值得被同情，但我还是下定决心，在每一个令我感到羞愧、失望和被否定的自我评价中设法找到一个善意的、与之对抗的想法。在我看来，善良和五颜六色的动物可以治愈我。你们知道吗？它们确实帮了大忙。尽管我的抑郁症状从未完全消失，但我知道，当我不再因抑郁而感到羞愧时，我与抑郁症抗争的痛苦就减少了一半。

　　可以肯定的是，多年来，我画的这些动物及配文帮助我度过了人生的至暗时刻，所以，我创作了这本书。尽管我仍会感到抑郁和焦虑，但为了过上充实而有意义的生活，我尝试着运用所积累的经验和所学到的人生哲理写就了《了不起的小狐狸：用力生活，用力爱》这本书。这本书的每一章都是我写给年轻时的自己的，并且我满怀信心地认为，如果我能发明一台时光机器，把它传送给年轻时的凯特，那她就不会感到如此绝望了。

　　的确，我并没有找到解决抑郁症的完美方案，但我为此摸索了很长的时间，也经历了很多很多。我的人生哲学是，只要我获得了什么有用的东西，就一定要跟大家分享。尽管我们的麻烦各不相同，但我希望在分享我的故事时，你也能产生共鸣。

亲爱的凯特：

　　这本书是我特意为你写的。因为我在你这个年纪没有读到类似的书籍，所以我就写了这本书。在书中，你会发现一些信札的片段，我知道它们会帮助你解决很多具体的困难。哦，还有我画的插图。请你一定不要放弃画画。

　　当你觉得濒临崩溃，当你对未来感到焦虑，当你觉得自己不够好，当你厌恶自己，当你觉得自己在人际关系上一团糟，当你觉得自己适应不了任何地方时，请翻开这本书。无论你现在觉得什么问题无法解决，都要记住：你很坚强、很聪明，而且你一定能搞定。

　　爱你，

　　　　　　　　　　　　　　　　　　　　　来自未来的凯特

目　录

第 1 章

当你感觉濒临崩溃时

我只是被压得喘不过气来，
想要给自己重新充满电。

年轻的凯特：

　　你好！你已经尽力了，但仍然觉得不满意，是不是？人活一世，总会有一些灾难降临在我们身上，对吧？作为一个更年长、更有经验的你，我可以告诉你，这种感觉永远不会消失。请你原谅，我知道这是个坏消息。

　　你知道吗？你会处理得更好的。你将学会通过时间片段来审视自己的每一天。就像面对一场即将到来的考试，也许你会考砸，但考试只是你一天当中的一个小时罢了。考完，你照样可以喝茶、聊天、玩电子游戏。

　　还有，你的胸口是不是觉得堵得慌，使你无法正常呼吸？你会发现，平时你呼吸时，如果先屏住呼吸一秒钟，然后再吸气，你就能非常有效地缓解这种不适。

不管今天你遇到了
多么糟糕的事情，

No matter how
AWFUL today is,

you get to curl into
bed at the end of it.

只要事情过去了，你依旧
可以蜷缩在床上。

还有，当你满脑子都是嘈杂、混乱、刺痛的想法时，你会发现，当你把每天要做的事情都写下来，你就可以专注于重要的事情，从而有效地屏蔽所有内心发出的噪声。

小书呆子，你知道要学的最重要的东西是什么吗？就是你可能会搞砸很多事，但你会发现，每一次，你都能完好无损地挺过来。事实上，直面每一个困难会让你变得越来越强大，也更有韧性，甚至比以前更有能力。

这对你来说的确极富挑战性，我担心你所做的准备尚不充分。但我坚信你会一遍又一遍地证明给自己看。你会的，你会看到这一切的。

爱你，

30 岁的你

Just take
a breather if
you need one.

It's okay.

如果你需要休息,
那就休息一下。
没关系的。

6

Reduce everything
down to the most
basic steps, and
everything will
work out fine.

把所有的事情简化到
最基本的步骤，一切
都会很顺利。

如果你感到快要崩溃，
下面这些温暖的画就是专为你画的。

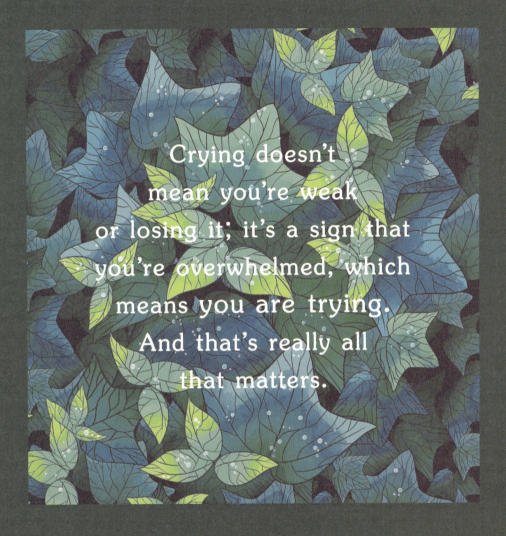

Crying doesn't mean you're weak or losing it; it's a sign that you're overwhelmed, which means you are trying. And that's really all that matters.

哭泣并不代表你软弱或失去了理智，
这表明你几近崩溃时仍在努力着。
这才是最重要的。

喂，说你呢。　　　　　　你会没事的。

你做到了！　　　　　　你可以的。

Hey—
you'll get
through
this
okay.

嘿，你会
挺过去的。

ANXIETY LIES

you've got today

HANDLED

不要被焦虑蒙骗了。

今天，一切都在你的
掌握之中。

12

你会挺过去的。

you'll get
through this
because you're
strong af

you're
still,

and
always
will
be...

因为你很
坚强……

而且一直都很
坚强……

UNDEFEATED

你没有被打败！

你可以战胜一切。

You are
both
STRONG
and SMART
enough to
handle everything
you've got
going on
today.

你既坚强又聪明，
足以应对今天
发生的一切。

你很棒，
现在如此，未来也如此。

This
is just
one day
in a huge
string of
days. If today is trash,
it's just a blip in the span
of your life.

这只是漫漫人生中的一天。
即使今天很糟糕，它也只是
你生命中的一个小插曲。

no hardship lasts forever

you will outlast this, sanity intact

没有什么苦难会永远持续
下去，你会超越苦难，
好好活下去的。

just a gentle reminder—

feeling STRESSED OUT ≠ being INCAPABLE

anxiety lies about what you can handle!

给你一个小小的提醒：
感到有压力≠无能为力，
焦虑只是掩盖了你能搞定的一切！

i know it's
hard to cope,
but here's a
gentle reminder
that things usually
go better than you predict

我知道这很难招架，但我有一个
温馨的提醒，即事情通常会比
你预想的要好。

you are
capable of
HANDLING
WHATEVER
life throws at
you today

你有能力应对当下生活
抛给你的任何麻烦。

tomorrow hasn't come,
yesterday is done,
just get yourself
through today

昨天已经过去，明天
尚未到来，你只有
好好把握住今天。

I rarely feel safe,
and I rarely feel capable,
**but I can
still do hard
things.**

尽管我没有多少安全感，
也不觉得自己有多大能力，
但我仍然要迎难而上。

I know you'll make it through this.
You have YOU.

我知道你会熬过去的。
你的坚强后盾就是你自己。

嘿，你现在不需要管什么明天、
下周或明年，只管把心思放在
今天你需要干什么上吧。

Hey, you don't need to face tomorrow,
or next week, or next year right now.

Just get yourself what you
need today.

Being overwhelmed doesn't
mean you're weak or incapable.

We just need
a long while to recharge,
sometimes.

几近崩溃并不意味着你软弱或无能，
我们只是有时需要长时间
充充电罢了。

Today may
be hard, but
tomorrow
will come.

And you
never have
to do TODAY
again.

尽管今天可能很难，但明天
终会到来，而且你永远不会
再有第二个今天了。

很显然，你干得
很漂亮！

IT'S EVIDENT
YOU'VE FOUGHT WELL

HERE'S A GENTLE
REMINDER THAT YOU WILL
NEED TO REST WELL, TOO

这里我给你一个小小的提醒：
你也需要好好休息一下。

Let's sit down, drink some tea, and then we'll figure this out.

让我们坐下来，
喝杯茶，然后把
这个问题解决掉。

第 2 章

当你对未来感到焦虑时

I'm good with problems
I can face head-on,

对于我能直接面对的问题，
我能够很好地解决。

But if I don't know what
I'm facing, I fall apart.

但如果我不知道所面对的
是什么，我就会崩溃。

年轻的凯特：

　　你好！是不是感到前途未卜？没有什么比面对不确定的未来更让人抓狂的了，对吧？

　　焦虑会让人产生这样的假象，即如果你犯了错，不管是什么错，它都会摧毁你的未来。似乎所有的事情都是高风险的。

　　好吧，你需要承认的一件事是，尽管你的想法看似让你备受打击，让你无法集中注意力或表现得不自信，但这样的想法实际上是在保护你。这很奇怪，对吧？

　　当你被手机上突然冒出的一条短信弄得喘不过气来时，你的爬行动物脑认为它能帮助你生存下来。老实说，我觉得这里面有一些奇怪的逻辑。你焦虑的大脑就好像一只愚蠢的大狗，看似在努力奔跑，实际上却是在制造麻烦。意图很重要，你知道吗？

还有一个有用的方法，就是在面对消极的预期时，你要说"我可以接受"或"我应付得来"。例如：

♥ 这次驾考我可能过不了，不过这没什么；

♥ 我把事情办砸了，估计老板又会对我发一通火，但我能忍受；

♥ 我想我的男朋友要和我分手了。但不管怎样，我都会处理好的。

直面痛苦和恐惧可以减轻焦虑对你大脑的控制。你可能不知道将会发生什么，但如果你不断告诉自己，你有能力应对所发生的任何事情，你的大脑就会渐渐地不再感到恐慌了。

祝好运！

爱你，

30 岁的你

如果你正在为那些看不见、
摸不着的事情焦虑，
那么这些温暖的画就是专为你画的。

你可能觉得很虚弱。

You may feel pretty weak,

but your rate of survival is 100%.

但你的"血槽"可是100%的。

Hey. This problem won't
eat up your entire life, I promise.

There are better times ahead.

嘿，这个问题不会吞噬你的
整个生命，我保证。

ANXIETY LIES

There IS a way through this, you just haven't found it yet.

不要被焦虑蒙骗了。
一定有办法解决这个问题，
只是你还没找到而已。

HEY. You won't always feel like this. You're handling it. It's going to be okay.

嘿，你不会总有这种感觉的，相信你能应对，一切都会好起来的。

如果未来的超级英雄
很差劲，该怎么办？

SO WHAT IF
THE FUTURE SUPER
SUCKS??

IT'S NOTHING
YOU CAN'T HANDLE

没有什么是你应付不来的。

每当你觉得自己做不到时，
其实你是低估自己了。

every time
you thought you
wouldn't make it,
you were wrong

and you are even
stronger and more
capable now

现在的你更强壮、
更有能力。

前进的道路会自己
显现出来。

处处追求完美
真没必要。

Just because the path is obscured or difficult does not mean you should give up on the destination.

前进的道路模糊不清或
崎岖难行，并不能成为
你放弃目的地的借口。

44

THE FUTURE
WILL NOT BE
A DISASTER.

You just have
anxiety,
sorry.

未来不会是一场灾难，
你只是有点焦虑，
抱歉。

I don't know
what's ahead,

but I
will greet
it when it
arrives.

我不知道未来会怎样，
但当它到来的时候，
我会迎接它。

I don't know
where I'm headed,

but I can
figure it out when
I get there.

我不知道我要去哪里，
但我到达那里就会
弄清楚的。

i don't
know how i
will make it,
but i will
still try

我不知道我如何才能做到，
但我会不断去尝试。

我不在乎最好的自己
是否仍然很糟糕，

I DON'T CARE
IF MY BEST SUCKS,

I'M DOING
IT ANYWAY

不管怎样，
我都要尽力做到最好。

下面我给你一些温馨的提醒。

在我看来，你在日常生活中
已经做得很牛了。

you're not
obligated to
make every
day productive
or purposeful

你没有义务让自己的
每一天都富有成效
或目标明确。

你也没必要天天都
最大限度地发挥
自己的潜力。

You don't have to
maximize the potential
of every day.

Some days are just about
getting through.

有些日子的确就
只是"挺"着。

it's okay to accept that you're unwell today

接受自己今天身体
不舒服也没什么
大不了。

54

也不是每个季节都
适合生长。

Not every
season is
for growing.

Maybe right   now is your time to
be dormant. Step back and
rest for a while.

也许现在就是你休眠的
时候，那就退后一步，
休息一会儿吧。

EVERYONE GROWS AT THEIR OWN RATE
TRY TO HAVE PATIENCE WITH
YOUR PROGRESS

每个人都在以自己的速度成长。
对你自己的进步要有耐心。

第 3 章

当你觉得自己不够好时

新的一天开始啦!

Here we go!

Another day of feeling woefully inadequate.

又是感觉糟糕失败的一天。

年轻的凯特：

　　你好！

　　好吧，我得承认一件事：我并没有变成你想要的那样。你希望
自己长大后能受欢迎、健康，还漂亮，把一切都安排好。我知道你
想在未来摆脱你目前的困境，也就是孤独、困惑，以及"不对劲"
的感觉。不过，你将会面临一种带点焦虑的混乱状态，本质上是你
现在状态的成人版。哎！

　　老实说，在向着你希望成为的那个自己努力的过程中，你将不
得不经历悲伤。你可能会在梦中找到安慰，因为在那里，你可以通
过成为某种女超人来缓解焦虑——一个知道一切如何运作的人，是
充满力量和坚韧的，被所有人喜爱。但说实话，你会发现无论你多
么努力，你还是会让别人失望。你不可能满足所有人的期待。无论
你多么有趣和善良，总会有人觉得你没有吸引力。

但是，你会发现，虽然被别人拒绝很痛苦，但拥有自己独特的"风味"也是一件美妙的事。拥有自己的"生态位"是件很棒的事情。没有什么比被真正懂你的人发现你闪光的一面，并因此而赞扬你更好的感觉了。

这并不容易，但是试着从朋友的角度来看待自己，比为了让讨厌自己的人喜欢自己而改变要有益得多。你的朋友不会为你的内心冲突所困扰——即使会，他们也会欣赏你带来的惊喜。我保证，你的缺点没你想的那么明显。而且当它们出现时，也没有你想象的那么重要。

人们不会盯着你看并试图发现你身上的错误。如果他们这么做了，那他们有点混蛋。

爱你，

30 岁的你

you don't
need to be
appealing to
everyone

你不需要对每个人
都有吸引力。

如果你很难接受自己，那么下面
这些温暖的画就是专为你画的。

I'm not
who I
want
to be,
but
I'm not
so bad,
either.

我没成为自己理想
的样子，但我
也不差。

i understand
needing to grieve the
person you hoped to be,
but like, WHO YOU
ARE NOW IS
GOOD, TOO

我知道，没能成为自己希望的
样子让你很伤心，但你
现在已经足够好了。

you can be a
mess today.

it's okay.

你今天可以感觉很
糟糕，一片混乱，
但没关系。

NOT EVERYONE'S
CUP OF TEA
& mostly okay
with that

不是所有人都会喜欢你。
那又怎样？

66

KIND OF A MESS BUT MOSTLY FABULOUS

即使有时感觉有点混乱，
但通常都还是不错的。

it's <u>completely</u> <u>okay</u> if you cry today

你想哭就哭，
没有任何问题。

your **EMPATHY**
and **KINDNESS**
are their own forms of
MAGIC

你的同情心和善良都是
魔法原有的样子。

i know it can be hard
to see for yourself, so take
it from a rainbow t-rex:

**you're actually
pretty f***ing great**

我知道认可自己不是件容易的事，
所以就让彩虹霸王龙来告诉你吧：
"你真是棒极了！"

更多为你准备的温馨小提示。

just because you feel gross about your body doesn't mean your body is gross

有一种胖，叫自己
觉得胖。

All shapes are good.

All shapes are pretty.

YES, including YOURS

所有的体型都很好。所有的
体型都很漂亮。是的，
也包括你的。

I have
a good body
whether or not
other people
like it.

不管别人喜不喜欢，
我的身材自己喜欢就好。

I don't exist only to be attractive to others.

我不仅仅是为了吸引别人而存在的。

I am not a
"before" picture.
I am lovable
and worthy
right now.

我不是"减肥前"
照片里的主角，
我现在就很可爱，
也值得被爱。

第 4 章

当你厌恶自己时

今天，我想剃光
自己的头发，

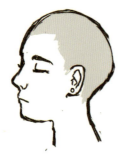

Today, I want
to shave
my head,

Erase every
drawing,

擦掉每一幅画，

Drive until
I have no
idea where
I am.

一直往前开，直到
不知身在何处。

我尝试了所有这些方式，
但它们都没用。

But there's no point.
Even if I do it all,

I won't
be able to
escape myself.

我也不能逃离我自己。

年轻的凯特：

你好！

这种自我憎恨很强大，不是吗？当你感到失落时，你往往想辞职或辍学。然后你会转向那些无法让你前进的应对机制，你会以此为借口，更多地从心理上虐待自己。我能看到这一切。我知道，当你的朋友们在旅行、拿学位、开启职业生涯以及生孩子时，你却在独自玩电子游戏、厌恶自己。

不幸的是，自我责备对健康和幸福几乎没有帮助。你必须明白，你不断地贬低自己，只是在"积极地"破坏自己的生活。羞耻感和自我贬低只会导致孤立与脱节，而非生活中你真正想要的东西：成就、快乐和被理解／被看到的感觉。

As tempting it may be, you can't HATE YOURSELF into HEALTH

你并不能通过憎恨自己来
获得健康，虽然这种
做法很诱人。

同样重要的是，你应该开始为自己设定更友好的期望值，尤其是当你生病的时候。你不会指望一个断了腿的人能跑完马拉松吧？当你每天都被抑郁和惊恐发作折磨时，你还期待自己拥有活跃的社交生活，确切地知道自己应该学什么专业、有什么工作目标，并总能乐在其中吗？这种期待是荒谬的。那你知道怎么做才更现实，能给你带来更好的生活吗？给予自己一点同情心。给自己留出感到困惑、不确定和悲伤的空间。如果你倾向于把标准定得很高，即使没有任何精神疾病，你也不可能达到它。

　　另一个主要的问题是，你忽视了自己作为一个完整的人的不同侧面。你有自己的喜好、经历、洞察力和表达爱的方式。就像老话说的那样，没有人和你一模一样，这是一件美好的事情。对于关心你的人来说，你是不可替代的。

You may feel burdensome or worthless, but truthfully? You are a home for the people who love you.

你可能觉得自己是个负担或者
毫无价值，但是实际上呢？
对于爱你的人来说，你永远是
他们的家人和依靠。

我理解，当你无法达到自己的期望时接受自己是多么地困难。我不是说放手会让你感觉"正确"。但你确实应该为同情和理解自己留出空间。你挣扎的原因是完全合理的。请不要因你的现在不像你希望的那样美好而破坏你的未来。

　　你应该用你所有的精力和努力去为自己争取一个更好的未来，而不是通过自我贬低来压抑自己。你配得上更好的生活，真的。

　　爱你，

30 岁的你

如果你在自我贬低的困境中挣扎，那么下面这些温暖的画就是专为你画的。

无须对自己过于
　严苛。

There's no
need to be hard
on yourself.

You're taking care of yourself,
and you're doing fine.

你正在关爱自己，
　你做得很好。

The only relationship you're obligated to stay in is with yourself, so you ought to start treating her right.

你唯一有责任维持的关系就是
你与自己的关系，所以请
好好对待你自己。

you're too
hard on
yourself

你对自己太苛刻了。

You can't always find healing in other peoples' love.

Sometimes **you** need to be the one showing kindness towards yourself.

你不能永远从他人的爱中
获得安慰，有时你需要
成为那个给予自己
温柔的人。

你无须每时每刻
都做到最好，

you don't have
to be at your best all of
the time.

just get
through
today.

先搞定今天再说。

you are
VALUABLE
because of
WHO YOU
ARE,
NOT what
you manage to
ACCOMPLISH

你的价值在于你是谁，而非
你完成了什么目标。

Hey,
it's rough
out there.

It's time
to go a bit
easier on
yourself.

嗨，生活已经很艰难了，
是时候让自己
放松一下了。

92

you are worthy of kindness and care

just as you are, now

你值得被关爱，被温柔地对待，
就像你对待别人一样。

there is no legitimate
reason to be cruel
to yourself

YOU'VE
ALWAYS DONE YOUR
BEST WITH WHAT YOU HAD

没有理由对自己如此残酷，
你已经努力做到最好了。

Hey, things
are hard.
Please,
just let it be:
no shame.

嗨，事情本来就很难，就放手随它去吧。
没什么可羞愧的。

It feels hard
because it IS hard.

Please go a little easier
on yourself.

你觉得很难是因为生活
本来就不容易，放轻松。

you can
only move
forward in
the ways
that make
sense to
you —

please do
not shame
yourself for
what you
didn't know.

你只能以自己理解的方式前进
——不要因自己不知道的东西
而感到羞愧。

Hey, I know it doesn't feel like it, but you're doing a good job of handling everything.

嗨，虽然听起来不是这么回事，但我还是想说："你已经把每件事都处理得很好了。"

That voice
inside that says
you're too vulnerable
and weak must not
really know YOU at all.

**All I can see
is resilience
and tenacity.**

如果你的内心有个声音认为你太脆弱了，
那它一定不了解你。
我看到的是你的坚韧和执着。

Inadequate??
Come on,
you're
GREAT

能力不够？
拉倒吧，你很棒！

第 5 章

当你觉得自己
在人际关系上一团糟时

爱到底是什么

有一天你不会再影响我

年轻的凯特：

　　你好！

　　当我回顾自己过去的人生，我注意到我总是从一种有害的关系跳到另一种有害的关系中，无论是亲情、友情还是爱情。为什么我要将这些关系维持这么久？为什么当我在一段关系里经常感到害怕，感到自己不被需要、不够格或被指责"要求太多"时，还要继续这段关系？

我相信，这个谜题的一部分是我在人生较晚时候才学到的一课："爱"既是一种行为（或一系列行动），也是一种感觉。一个人可以感觉很爱你，但并没有付出爱的行动。事实上，他会告诉你，"我爱你/需要你/欣赏你"，但他也只是说说而已，并没有通过行动来体现。

例如，我记得在前一段恋情中有一个特别的时刻，我对一个我在乎的人说："我不认为……你爱我，对吗？"尽管我承认自己不是一个善于表达的人，但我试图表达的是，这个人经常因为我的出现而生气，被我的需求所累，并且对我的笑话和观点翻白眼。然而，他对我的意思有不同的理解："我当然爱你。不要告诉我你认为我的感受如何。"老实说，这种行动与感觉的脱节，对我来说，很好地说明了我一生对爱的困惑——爱你的人为何会无礼地对待你？如果一个声称感觉很爱你的人并没有表现出爱你的一致性行动，身处这种关系中又会是怎样的一种感觉？

针对这个问题的常见回答是列出两份清单：一份是健康关系应具有什么特征的清单，另一份是虐待行为的清单。虽然这些信息看起来很有用，但我不确定它们能否帮助我摆脱目前的处境。为什么？因为我有一个不幸的信念，那就是我有责任向这些人展示如何去爱。我认为，为了成为一个善良、有爱心的好人，我要做的就是向人们展示如何不伤害我。"如果我能更好地沟通，更好地解释，更好地表达我的爱，那么他们就会知道如何去爱！"不幸的是，这根本没用。

我必须承认还有第二个令人痛苦的事实：我一直处于有害的人际关系中，因为我觉得自己不配拥有健康、真实的联结和善待。这就是有毒关系的棘手之处——当你信任和在乎的人认为你"要求太多了"，你可能会认为每个人都对你有这种感觉。

现在，我为自己在那些不喜欢我的人身上浪费了如此多的时间而感到沮丧。我也为我本可以在那些喜欢我的人身上收获美好的友谊而感到难过，当时我克制住了自己，因为我不想"污染"他们或让他们难过。我相信了别人对我说的谎话，他们说我不讨人喜欢、不受欢迎。

但是，我们会从生活中学习。我学到了什么呢？

♥ 你值得因为做现在的自己而得到善待、关心和实实在在的爱（肯定的话、帮助和照顾、礼物、优质的陪伴时间和身体接触）。在你减肥成功、取得好成绩、让父母脸上有光、有更多炫耀的资本、停止愤怒或者赚更多的钱之后，你并不会变得更有价值。你现在就很有价值。

♥ 在这个世界上，总会有人为你高兴，为你的幽默、你的洞察力和你的世界观。我向你保证，你不需要重新塑造自己去迎合别人的期待。你会遇到一些很好的人，他们会珍惜真实、原本的你。

我必须承认的第三个事实是，我经常处于有害的关系中，因为我一想到独处就害怕。一想到与外界完全隔绝，我就感到恐惧。尤其是考虑到这样一个事实：当我处于不健康的关系中时，我经常切断自己与其他家人和朋友的联系。

我发现了一个惊人的解决办法：带自己去约会。是的，真的。花时间展示自己的大脑和身体，"你很重要。你是一个独立自主的个体。你的兴趣和欲望很重要。"所以，我带着自己出门，自主选择吃什么，做对自己有帮助的事情。

♥ 了解自己——在公园里，我最感兴趣的是什么？电影院最好的座位在哪里？穿什么款式的衣服感觉自己最可爱？哪种比萨饼的口味最独特？（顺便说一下，答案是菠萝、洋葱、墨西哥青辣椒口味的！）

♥ 告诉自己该如何珍视自身。我可以示范自己希望别人如何对待自己。

♥ 习惯独处的感觉。老实说，这一点对我来说是最困难的，因为我不是特别喜欢独处（不知怎么，我最终成了一名自由职业者，整天独自坐在办公室里，呃），但我确实学到了宝贵的一课：独处和被孤立是两码事。事实证明，在咖啡店或空手道课上的友好互动大大有助于消除这种脱节感。

无论如何，走出一段不健康的关系都需要很大的勇气；这当然不是一件容易的事情。但我要告诉你，基于我自己的经验，摆脱不友善和操纵性的关系是非常值得的，尽管一个人生活也很难。我发现，当我不再把精力和时间花在那些榨干我的人身上时，我就可以把善意倾注在可爱的人和自己身上。

你真的值得自己和你身边人的尊敬、善待和同情，就在此时此刻，只因为你现在的样子。我保证。

爱你，

30 岁的你

如果你在无价值感的困境中挣扎，
那么下面这些温暖的画就是专为你画的。

你不需要通过把每件事都做对
来获得关系中的价值感。

Maybe you weren't a burden. Maybe they Couldn't see beyond their own problems.

你不是别人的负担，
有可能只是他们看不
到自身的问题。

you will
rise above
the ashes

you will
find a way to
become whole
again

你将会浴火重生，你将会
找到那条通向完整
自我的路。

你会再次拥抱快乐的，
被治愈是早晚的事。

IT'S TRUE THAT THE SCARS
DON'T DISAPPEAR

BUT YOU DO OUTGROW THEM.

伤疤不会消失，这是真的，
但你一定会走出伤痛，
从中成长。

SURROUND YOURSELF WITH
WHAT'S GOOD IN LIFE, AND
YOU'LL MAKE IT THROUGH OKAY

拥抱生活中美好的事物吧，
你会渡过难关的。

you are **not** a burden
WE ARE LUCKY TO HAVE YOU

你不是负担，有你在，
我们感到很幸运。

you are
CAPABLE,
you are
RESILIENT,
YOU ARE A
DELIGHT

你很有能力，你很
坚强，你给人们
带来了欢乐。

116

you are not an endless
fountain of energy
and goodness

please, do
not sacrifice
your health or
wellbeing
for other
people

你的能量和善意不是无限的，
请你不要为了别人而牺牲
自己的健康和幸福。

第 6 章

当你觉得自己
适应不了任何地方时

我总感觉自己是个
局外人

年轻的凯特：

　　你好！我们觉得自己适应不了任何地方，我们经常会有这种感觉，不是吗？我记得二年级时，看着其他孩子在课间玩耍，而我却不知道该如何加入他们。我记得13岁时，我坐在泳池边，看着大家在水里玩得很开心——即使没有我，所以，我没有跳下去。我还记得15岁时，我是唯一一个没有被邀请跳舞的女孩。就在最近，我还曾在空手道团体的圣诞派对上茫然无语，因为我不知道该如何与不熟悉的人交谈（是的，我很抱歉这种事在30岁时仍然会发生，但没关系）。

我告诉你，把这些时刻写下来感觉并不好。回想起那段时光，我有一种强烈的错误感和羞耻感。我觉得我应该把它们藏在心里，因为万一有人读到这里，就会发现我是一个多么失败的人，他们就不会再想和我说话了。但现实是，每个人都会有这样的时刻。很少有人能在所到之处与所有人都打成一片。

当我回顾那些隔离和被孤立的时光时，有两件事值得一提。

♥ 每次我努力想要跟他人建立联结，似乎都不长久。我在二年级时可能一个朋友都没有，但是下一学年我几乎和全班同学都成了朋友。

♥ 我生命中最艰难的时刻是被那些消极的想法挟持了我对自己的认识，而那些想法都与隔离和被孤立有关。例如，"我在这个圈子里没有朋友"经常会变成"我无法在这个圈子里交朋友，因为我不属于这里"，然后很快就会变成"我一无是处，我不属于任何地方"。这些关于我自己的信念导致我抑郁发作，无法感受到任何联结和快乐。

呃，可恶的消极思维螺旋！我跟你说，年轻的我——你将学到，当消极想法出现时，认清它们对你的心理健康至关重要！如果我认为我无法与他人沟通的原因是我天生的缺陷或不足，那我就是把自己与人类所需要的一切可能性隔绝了；我们要真诚地与他人建立联结，让别人看到我们是谁。而且，也许不只是看到，还有欣赏我们是谁。

在那些至暗时刻，我知道那些所谓的被真正需要或重视听起来不太可能。有时候，似乎连想要被爱的想法听起来都很可笑。但事实是，你并不是真的一无是处、不可爱、不招人喜欢，甚至不是真的孤独。每个人都有自己的烦恼和"怪异"之处，而这毫无疑问会影响他们与你的相处。是的，有时这意味着你可能无法与周围的人建立联结，但这并不意味着"你的人"不在那里。

爱你，

30 岁的你

It's okay if you haven't found your people yet. Some find them as children, for others it takes decades.

The important thing is they are out there right now waiting for you.

如果你还没找到"你的人"也没关系。
有些人在孩提时代就找到了他们，
有些人则需要几十年。
重要的是，他们现在就在
外面等着你。

如果你正在与"我适应不了任何地方"
的感觉做斗争，那么下面这些温暖的
画就是专为你画的。

It isn't all downhill from here.
There are lots of good friends
you haven't met yet.

你并不会自此每况愈下。
还有很多好朋友你还没见过呢。

即使你有点与众不同
又如何？有你在身边
仍然很好。

So what
if you're
a bit
strange?
You're still nice
to have around.

you have a
lot of good
to contribute,
even if you
are strange
and shy

即使你很奇怪，很害羞，
你也能做出很多贡献。

You don't have to be
"on" all the time.

You're good to have around,
even when you're quiet.

你不必一直"在线"。
即使你不说话，有你在身边也很好。

Hey. You can be a weirdo.
You can mess up, a lot.

You'll still be lovable
anyway.

嘿！你可以是个怪人，
你也可以把很多事情都搞砸。
无论如何，你仍然是可爱的。

YOU ARE ENOUGH

today,
tomorrow,
always.

有你在就足够了，
今天、明天，
永远都是。

131

You could fail A MILLION TIMES OVER, and you'd STILL be worth knowing and loving. You'd still belong here.

即使你失败了百万次，你仍然
值得我们去了解和爱。
你仍然属于这里。

today is a
better day
because
you are
in it

今天是更好的一天，
因为有你在这里。

the darkness you're
feeling won't hurt
anyone else

please
don't hide
yourself
away

你所感受到的黑暗不会伤害到
任何人，请不要让自己
远远地躲起来。

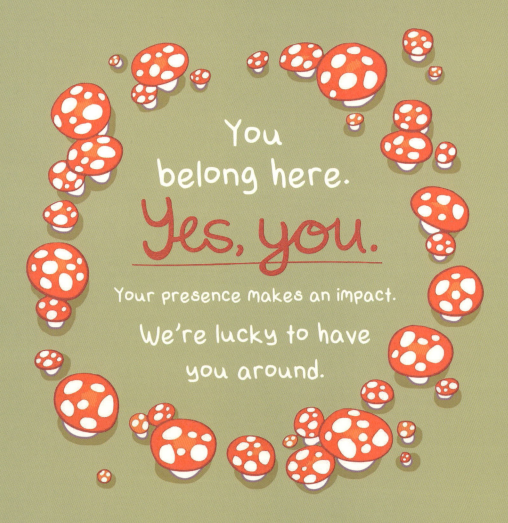

You
belong here.
Yes, you.
Your presence makes an impact.
We're lucky to have
you around.

你属于这里。
是的，就是你。
你的存在会产生影响。
我们很幸运有你在身边。

I know this
time of year
can be rough,
so just in
case no one has
told you lately—
THE WORLD
IS BETTER
WITH YOU
IN IT

我知道每年这个时候都会很难熬，
所以以防最近没人告诉你——
这世界因你而更美好，我先说一遍。

这里有一些更温柔的提醒。

It's not always that life is bad; sometimes you feel down because you haven't slept well, or eaten enough, or connected with someone in a while.

生活并不总是糟糕的，
有时你之所以情绪低落，是因为没睡好
或没吃饱，或者有段时间没和别人交流。

害怕自己的想法又何妨？
这些想法只能代表你的
大脑暂时失灵。

It's okay to be afraid of
your thoughts, but all they
really indicate is that your
brain is misbehaving.

SELF-CARE WILL SEE
YOU THROUGH.

自我照顾会帮助你
渡过难关。

是的，风暴又来了，糟透了。
但是，你并不孤单，
我的朋友。

我知道你很孤单。
但是，这里有很多关心你、
祝福你的人。

WE ARE
ALL IN THIS
DARKNESS
TOGETHER.

WE WILL
FIND A WAY
THROUGH.

我们一起身处
黑暗之中。
我们一定会找到
出路的。

This feeling will pass.
You're not stuck here
forever.

这种感觉会过去的。
你不会永远困在这里的。

i know you
feel burdened,
but there's room
for you here.
Stay.

我知道你很累，但这里
有你的位置，
留下吧！

The
world
wouldn't
be right
without
YOU in it.
Stay.

没有你，这世界
就不会好起来，
留下吧！

145

结　语

非常感谢你花时间阅读这本书和陪伴我！我希望你能在这本书中找到一些安慰和被认可的感觉。当你需要朋友鼓励或提醒你"你并不是一个人在苦苦挣扎"时，你可以再次翻开它。

无论你现在觉得什么问题无法解决，都要记住：你很坚强、很聪明，而且你一定能搞定。

爱你的凯特

北京阅想时代文化发展有限责任公司为中国人民大学出版社有限公司下属的商业新知事业部，致力于经管类优秀出版物（外版书为主）的策划及出版，主要涉及经济管理、金融、投资理财、心理学、成功励志、生活等出版领域，下设"阅想·商业""阅想·财富""阅想·新知""阅想·心理""阅想·生活"以及"阅想·人文"等多条产品线，致力于为国内商业人士提供涵盖先进、前沿的管理理念和思想的专业类图书和趋势类图书，同时也为满足商业人士的内心诉求，打造一系列提倡心理和生活健康的心理学图书和生活管理类图书。

《喵得乐：向猫主子讨教生活哲理》

- 没有难过的日子，只有自在的主子……
- 一本带你"吸猫"，从猫咪身上获得力量，促进自身成长的书。

《与情绪和解：治愈心理创伤的 AEDP 疗法》

- 加速的体验性动力学心理治疗（AEDP）创始人戴安娜·弗霞博士、AEDP 认证治疗师和督导师叶欢博士作序推荐。
- 借助变化三角模型，倾听身体，发现核心情绪，释放被阻断的情绪，与你的真实自我相联结。
- 让你在受伤的地方变得更强大。

《原生家庭的羁绊：用心理学改写人生脚本》

- 与父母的关系，是一个人最大的命运。
- 我们与父母的关系，会影响我们如何与自己、他人及这个世界相处，这就是原生家庭的羁绊……
- 读懂人生脚本，走出原生家庭的死循环诅咒，看见自己、活出自己，而不是做别人人生的配角！

《情绪自救：化解焦虑、抑郁、失眠的七天自我疗愈法》

- 心灵重塑疗法创始人李宏夫倾心之作。
- 让阳光照进情绪的隐秘角落，让内心重拾宁静，让生活回到正轨。

《折翼的精灵：青少年自伤心理干预与预防》

- 一部被自伤青少年的家长和专业人士誉为"指路明灯"的指导书，正视和倾听孩子无声的呐喊，帮助他们彻底摆脱自伤的阴霾。
- 华中师大江光荣教授、清华大学刘丹教授、北京大学徐凯文教授、华中师大任志洪教授、中国社会工作联合会心理健康工作委员会常务理事张久祥、陕西省儿童心理学会会长周苏鹏倾情推荐。